U0396805

编程启蒙音乐书

唱唱跳跳学编程

[美]帕迪·M.斯托克兰 著　　[西]桑切斯 绘　　[美]马克·马尔曼 作曲　郑焜荣 译

世界图书出版公司

上海·西安·北京·广州

图书使用小·贴士

为什么和孩子一起阅读和唱歌很重要？

这是因为，每天和孩子一起阅读可以提高孩子的学习成绩。音乐和歌曲，尤其是押韵的歌曲不仅有趣，而且可以帮助儿童早期认字，促进其语言发展。更重要的是，一起阅读和欣赏音乐是增强亲子关系的纽带。

家长使用小·贴士

1.在读书、唱歌的过程中，可以让孩子指出每一页上押韵的词语。除此之外，还可以为孩子列举出更多类似的词语。

2.鼓励孩子演唱并记住一些简单的句子，在演唱过程中，孩子的理解能力与语言能力均可得到提升。

3.可以通过使用章末"游戏时间"中所列举的问题来解决唱歌和讲故事时所遇到的疑惑。

4.与孩子一起阅读章末的乐谱，在听歌的同时，了解乐谱上的音符和歌词之间的关系。

5.无论在家或是在路上，你都可以通过手机扫描书中的二维码来获取音乐。每天花点时间与孩子共度美好的阅读时光，通过亲子阅读来帮助孩子提升表达、读写和听说能力。快来享受与孩子一起阅读和唱歌的快乐时光吧！

第一乐章

序列，
顺序很重要！

序列由步骤组成。这些步骤总是按顺序进行。一个步骤结束，下一个步骤才能开始。如果顺序被打乱，会发生什么有趣的事情呢？

唱着这首描写序列的歌，把书翻到下一页，一起去寻找答案吧！

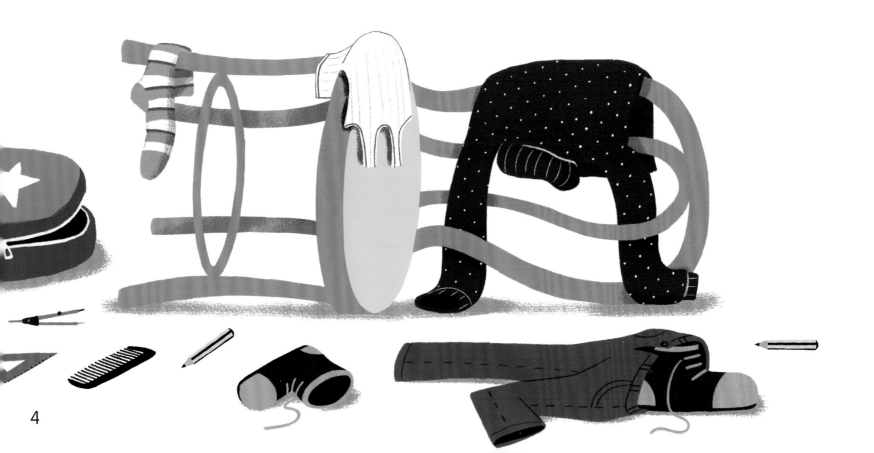

序列告诉你怎么做，

一在前面二在后。

按照顺序做，别弄错，

否则结果会笑话多。

穿好了袜子再穿鞋，

倒过来会怎样？

穿好了鞋子再穿袜？

哎呀呀，太傻了。

序列告诉你怎么做，

一在前面二在后。

按照顺序做，别弄错，

否则结果会笑话多。

棒球飞来时再挥棒，

千万别做反了。

挥完了球棒球再来？

哎哟喂，好疼呀。

序列告诉你怎么做，

一在前面二在后。

按照顺序做，别弄错，

否则结果会笑话多。

鸡蛋要去壳再入锅，

不要把顺序改。

鸡蛋入锅后再壳破？

哎呀呀，太脆了。

大小便之后再冲水。

千万别反过来。

冲水结束后再方便？

哎哟喂，好臭呀。

序列告诉你怎么做，

一在前面二在后。

按照顺序做，别弄错，

否则结果会笑话多。*

歌词

序列，顺序很重要！

序列告诉你怎么做，
一在前面二在后。
按照顺序做，别弄错，
否则结果会笑话多。

穿好了袜子再穿鞋，
倒过来会怎样？
穿好了鞋子再穿袜？
哎呀呀，太傻了。

序列告诉你怎么做，
一在前面二在后。
按照顺序做，别弄错，
否则结果会笑话多。

棒球飞来时再挥棒，
千万别做反了。
挥完了球棒球再来？
哎哟喂，好疼呀。

序列告诉你怎么做，
一在前面二在后。
按照顺序做，别弄错，
否则结果会笑话多。

鸡蛋要去壳再入锅，
不要把顺序改。
鸡蛋入锅后再壳破？
哎呀呀，太脆了。

序列告诉你怎么做，
一在前面二在后。
按照顺序做，别弄错，
否则结果会笑话多。

大小·便之后再冲水。
千万别反过来。
冲水结束后再方便？
哎哟喂，好臭呀。

序列告诉你怎么做，
一在前面二在后。
按照顺序做，别弄错，
否则结果会笑话多。

按照顺序做，别弄错，
否则结果会笑话多。

序列，顺序很重要！

流行/嘻哈
纳迪娅·希金斯 词
德鲁·坦佩安特 曲

序 列告诉 你怎么做，一 在 前面二 在后。 按 照 顺序

做，别 弄 错，否则结 果会笑 话 多。

1.穿 好了袜子再穿 鞋， 倒过来会怎 样？ 穿好了鞋子再穿 袜？哎
2.棒 球飞来时再挥棒， 千万别做反了。 挥完了球棒球再 来？哎
3.鸡 蛋要去壳再入锅， 不要把顺序改。 鸡蛋入锅后再壳 破？哎
4.大 小便之后再冲水。 千万别反过来。 冲水结束后再方便？哎

呀呀，太傻了。
哟喂好疼呀。
呀呀，太脆了。
哟喂，好臭呀。

序 列告诉你怎么 做，一在 前面二 在后。按照顺序 做，别弄错，否则结

果会笑 话多。按照顺序 做，别弄错，否则结果会笑 话多。

1. 为自己制作一个作息时间表。在表上面按从早到晚的顺序记录你的日常活动，比如起床、刷牙、吃午饭等。制作完成后，把这些活动逐条剪下来，并打乱顺序，再想办法将它们按正确顺序重新排列出来。

2. 章末的歌曲描绘了日常生活顺序被打乱后可能会发生的搞笑小故事。试想一下，生活中还有哪些事情需要按顺序做呢？如果把这些顺序也打乱，又会发生哪些有趣的事情呢？

3. 再听一遍这首歌，试着创编一支与它搭配的舞蹈吧。一定要确保舞步的顺序是正确的哟！

第二乐章

算法，
解决问题的方案！

你知道什么是算法吗？算法是帮助我们解决问题的操作指南。

在编程中算法会发出基础指令，指挥程序解决问题。按照算法一步一步操作，就能制作出某些东西，或者达到某个目的。

想要了解更多关于算法的故事吗？我们一起唱着歌，并把书翻到下一页吧！

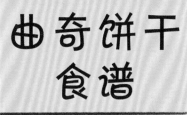 曲奇饼干食谱

 配料

放入碗里
搅拌
停止搅拌

 制作

捏成小球
压扁

  烘焙

烤箱预热到135℃
放入
完成

算法就像操作指南，

帮助你解决困难。

算法可以解决麻烦，

运用算法真好玩！

食谱
爷爷牌
巧克力曲奇饼干

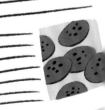

爷爷牌
巧克力曲奇饼干

配料

放入碗里
搅拌
停止搅拌

制作

捏成小球
压扁

烘焙

烤箱预热到135℃
放入
完成

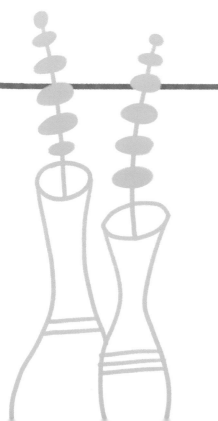

想不想吃曲奇饼干？

但是遇到了小困难。

有食谱就能做饼干，

这是你要用的算法！

照着食谱进行烘焙，

就可以解决小困难。

把食材混合并搅拌，

就是你在运用算法！

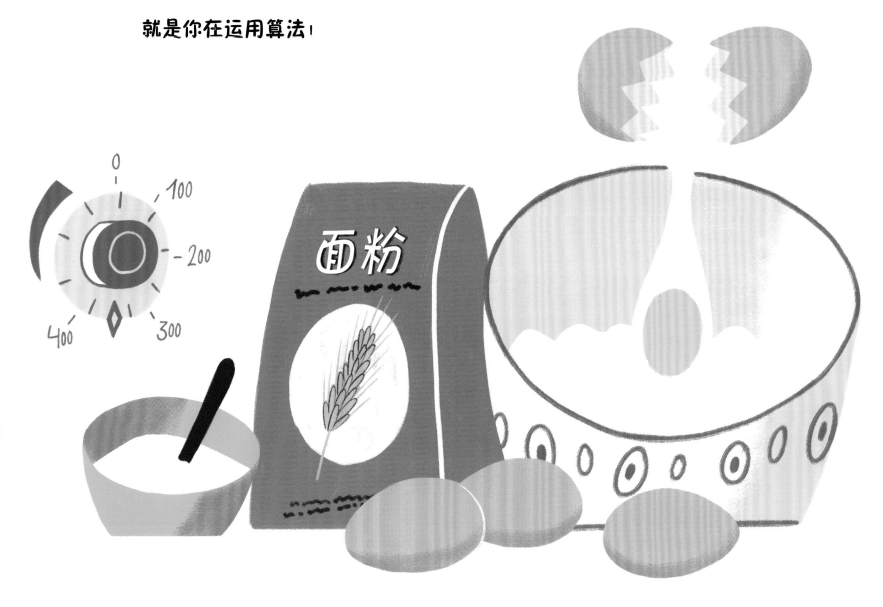

算法就像操作指南，

帮助你解决困难。

算法可以解决麻烦，

运用算法真好玩！

麻烦不分大小，
算法都可解决。

像游戏规则，
也像烘焙食谱。

游戏规则

第一步：扔色(shǎi)子。

第二步：根据色子上的数字移动
你的棋子。

第三步：按照棋盘上的指示去做。

第四步：下一个人扔色子。

麻烦不分大小，

算法都可解决，

像在迷宫中为你指方向。

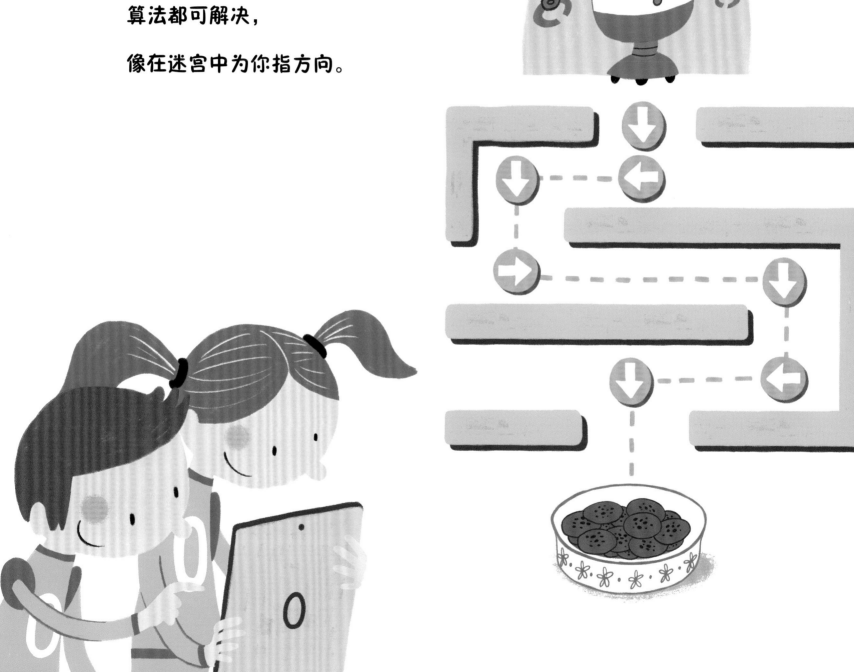

机器人该怎样运转？

要解决编码的困难。

输入代码解决麻烦，

这是你要用的算法！

给机器人下达指令：

定好方向定好距离。

输入代码解决麻烦，

这是你在运用算法！

算法就像操作指南，

帮助你解决困难。

算法可以解决麻烦，

运用算法真好玩！

算法就像操作指南，

帮助你解决困难。

算法可以解决麻烦，

运用算法真好玩！

歌词

算法，解决问题的方案！

算法就像操作指南，
帮助你解决困难。

算法可以解决麻烦，
运用算法真好玩！

想不想吃曲奇饼干？
但是遇到了小困难。

有食谱就能做饼干，
这是你要用的算法！

照着食谱进行烘焙，
就可以解决小困难。

把食材混合并搅拌，
这是你在运用算法！

算法就像操作指南，
帮助你解决困难。

算法可以解决麻烦，
运用算法真好玩！

麻烦不分大小，
算法都可解决。

像游戏规则，
也像烘焙食谱。

麻烦不分大小，
算法都可解决，
像在迷宫中为你指方向。

机器人该怎样运转？
要解决编码的困难。

输入代码解决麻烦，
这是你要用的算法！

给机器人下达指令：
定好方向定好距离。

输入代码解决麻烦，
这是你在运用算法！

算法就像操作指南，
帮助你解决困难。

算法可以解决麻烦，
运用算法真好玩！

算法就像操作指南，
帮助你解决困难。

算法可以解决麻烦，
运用算法真好玩！

算法

44

算法，解决问题的方案！

电子流行音乐
布莱克·霍娜 词
马克·马尔曼 曲

45

游戏时间

1. 除了书中的小故事，你还能想到其他的关于算法的小故事吗？

2. 找出几件你经常会做的事情，例如上学或者吃午饭，试着写下你做这些事情的每一个步骤。瞧！这些就是属于你的算法。

3. 在一张纸上，写下制作三明治的步骤。写完后逐条剪下来，并把它们的顺序打乱。想一想，如果这些步骤被打乱，会发生哪些有趣的事情呢？你做的三明治又会变成怎样的味道呢？

第三乐章

循环，
重复，重复！

代码是按照顺序排列组合的指令。有时候，这些指令中的步骤会重复，就像你可能会一遍又一遍跳的舞步。重复的舞步或步骤被我们称为循环。使用循环可以使指令更快更短。想一想，如果我们每件事都用循环做，又会发生什么呢？

唱着章末描写循环的歌，把书翻到下一页，一起去寻找答案吧！

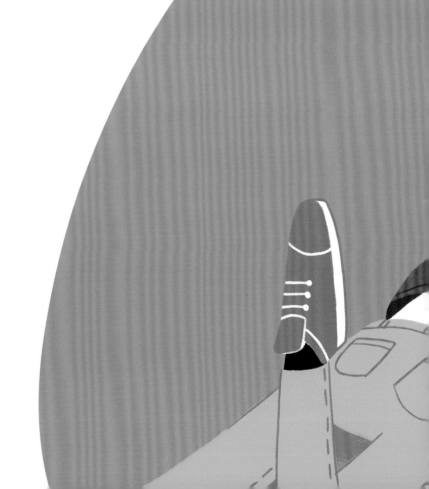

有朋友来家里玩，

赶紧去准备午饭。

有个最快的办法。

对！那就是循环！

循环！重复，重复！

每步一个任务。

不断重复就是循环，

这节奏酷又炫！

循环：摆好三片面包，

对！一呀二呀三。

可以一次做三个，

这办法真不错！

循环！重复，重复！

每步一个任务。

不断重复就是循环，

这节奏酷又炫！

循环：要抹好花生酱，

对！一呀二呀三。

依次抹好花生酱，

这循环好又快！

循环！重复，重复！

每步一个任务。

不断重复就是循环，

这节奏酷又炫！

循环：再放三片面包，

对！一呀二呀三。

现在三份都做好，

这办法真不错！

循环！重复，重复！

每步一个任务。

不断重复就是循环，

这节奏酷又炫！

循环！重复，重复！

每步一个任务。

不断重复就是循环，

这节奏酷又炫！

歌词

循环，重复，重复！

有朋友来家里玩，
赶紧去准备午饭。
有个最快的办法。
对！那就是循环！

循环！重复，重复！
每步一个任务。
不断重复就是循环，
这节奏酷又炫！

循环：摆好三片面包，
对！一呀二呀三。
可以一次做三个，
这办法真不错！

循环！重复，重复！
每步一个任务。
不断重复就是循环，
这节奏酷又炫！

循环：要抹好花生酱，
对！一呀二呀三。
依次抹好花生酱，
这循环好又快！

循环！重复，重复！
每步一个任务。
不断重复就是循环，
这节奏酷又炫！

循环：再放三片面包，
对！一呀二呀三。
现在三份都做好，
这办法真不错！

循环！重复，重复！
每步一个任务。
不断重复就是循环，
这节奏酷又炫！

循环！重复，重复！
每步一个任务。
不断重复就是循环，
这节奏酷又炫！

循环，重复，重复！

嘻哈音乐
布莱克·霍娜 词
德鲁·坦佩安特 曲

前奏

有 朋友来家里玩，赶紧去准备午饭。有个 最快的办法。对！

那 就 是 循环！

副歌

循环！ 重复，重复！ 每步一个任务。 不 断重复就是循环，这

节 奏 酷 又 炫！

主歌

1.循环：摆好三片面包， 对！ 一 呀二呀三。 可以一次做三个，这
2.循环：要抹好花生酱， 对！ 一 呀二呀三。 依次抹好花生酱，这
3.循环：再放三片面包， 对！ 一 呀二呀三。 现在三份都做好，这

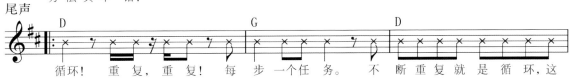

办 法 真 不 错！
循 环 好 又 快！
办 法 真 不 错！

尾声

循环！ 重复，重复！ 每步一个任务。 不 断重复就是循环，这

节 奏 酷 又 炫！

1. 在这个故事中，运用循环制作三个三明治的时间竟然比做一个三明治的还要少！回想一下，你曾经运用循环做过哪些事情？你又是如何运用这种方法的？

2. 想一想，你还可以运用循环把哪些事情做得又快又好？

3. 在本书中，孩子们制作了美味的花生酱三明治来招待客人，那你最喜欢哪种口味的三明治呢？快和小伙伴们一起把它的制作步骤画出来吧！

第四乐章

调试，
你可以修好它！

想一想，你是怎样发现问题并改正它的呢？有一种好办法叫调试。什么是调试呢？调试就是：当你发现一个问题时，要按照顺序检查每个步骤，找到错误，加以改正。在编程中，代码是完成任务的一组指令。如果你发现指令出了错，当然也要去调试！

唱着章末关于调试的歌，把书翻到下一页，一起去看看这套火车玩具出现了什么问题吧！

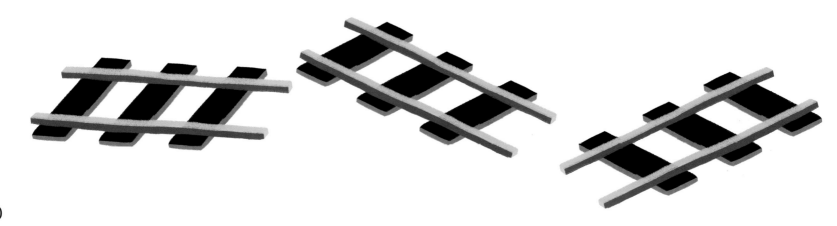

我们的火车坏了！

引擎不再动了。

火车已经停下，不再咔嗒咔嗒，

这必须彻底检查。

无论有什么问题，

都要调试检查。

一步一步，调试检查，

要让火车再次出发。

说明书
1. ————
2. ————
3. ————
4.

先来查引擎故障，

再查电池电量。

车轮排成一条直线，还能正常旋转，

这些都已经排查。

关 ▬▬▮▮▮ 开

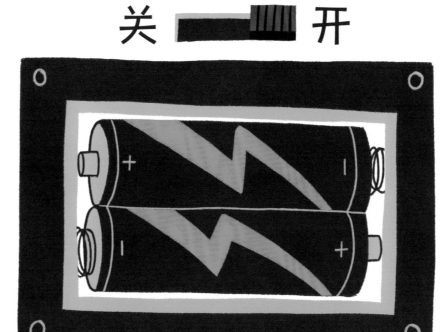

无论有什么问题，

都要调试检查。

一步一步，调试检查，

要让火车再次出发。

接着要检查车厢，

车厢连接正常。

遥控还能开开关关，一切全都正常，

这些都已经排查。

无论有什么问题，

都要调试检查。

一步一步，调试检查，

要让火车再次出发。

说明书

1. _____

2. _____

3. _____

4. _____

最后我们查轨道，
轨道是否接好？

轨道没有接好，火车不能奔跑，
我们马上修好它。

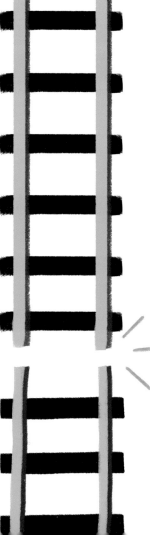

我们解决了问题，

已经排除故障。

一步一步，调试检查，

火车才能再次出发。

歌词

调试，你可以修好它！

我们的火车坏了！
引擎不再动了。
火车已经停下，不再咔嗒咔嗒，
这必须彻底检查。

无论有什么问题，
都要调试检查。
一步一步，调试检查，
要让火车再次出发。

先来查引擎故障，
再查电池电量。
车轮排成一条直线，还能正常旋转，
这些都已经排查。

无论有什么问题，
都要调试检查。
一步一步，调试检查，
要让火车再次出发。

接着要检查车厢，
车厢连接正常。
遥控还能开开关关，一切全都正常，
这些都已经排查。

无论有什么问题，
都要调试检查。
一步一步，调试检查，
要让火车再次出发。

最后我们查轨道，
轨道是否接好？
轨道没有接好，火车不能奔跑，
我们马上修好它。

我们解决了问题，
已经排除故障。
一步一步，调试检查，
火车才能再次出发。

调试，你可以修好它！

时尚电音
帕迪·M.斯托克兰 词
马克·马尔曼 曲

游戏时间

1. 回想一下，故事里的小火车玩具出现了什么问题？孩子们在调试小火车的时候查看了哪些地方？

2. 你在生活中遇到过哪些出现问题的东西呢？在解决这些问题的时候，你用了哪些步骤呢？你找到故障并将它修理好了吗？

3. 调试是一个非常有趣的词语。除此之外，你还能用哪些词语来形容寻找故障的过程呢？开动脑筋，尝试着用一个有趣的词来形容这个过程吧！